Pisa tower.

Colosseum

Pisa tower

Kimono

Colosseum

别怕！你可以的，
看不到未来更要**挺自己**

[泰]童格拉·奈娜◎著

李敏怡◎译

Seine

River

摆脱挫折人生，激发自信、乐观打拼的17件事

重庆出版集团 重庆出版社

版贸核渝字2014年第45号

Keep Walking
Copyright © 2012 by Akara Publishing
Simplified Chinese language version of this book is granted by Akara Publishing
through Sichuan Yilan Culture Promulgation and Advertising Co., Ltd.
Simplified Chinese language © 2013 by Chongqing Mind-Wings Cultural Media Co.,Ltd.
本书经由四川一览文化传播广告有限公司获Akara Publishing授权中文简体版权。

图书在版编目（ＣＩＰ）数据

别怕！你可以的，看不到未来更要挺自己 / (泰) 奈娜著；李敏怡译. -- 重庆：重庆出版社, 2014.8
书名原文: Keep walking

ISBN 978-7-229-07999-4

Ⅰ. ①别… Ⅱ. ①奈… ②李… Ⅲ. ①人生哲学－通俗读物 Ⅳ. ①B821-49

中国版本图书馆CIP数据核字(2014)第099302号

别怕！你可以的，看不到未来更要挺自己
BIEPA! NI KEYI DE, KANBUDAO WEILAI GENGYAO TING ZIJI

[泰]童格拉·奈娜著　李敏怡译

出 版 人：罗小卫
责任编辑：罗玉平 郭莹莹
责任校对：刘小燕

重庆出版集团
重 庆 出 版 社　出版

重庆长江二路205号　邮政编码：400016　http://www.cqph.com

重庆出版集团印务有限公司印刷
重庆出版集团图书发行有限公司发行

MAIL:fxchu@cqph.com 邮购电话：023-68809452

重庆出版社天猫旗舰店
cqcbs.tmall.com

全国新华书店经销
开本：880mm X 1230mm 1/32　印张：6 字数：95千
2014年8月第1版　2014年8月第1次印刷
ISBN 978-7-229-07999-4
定价：29.80元

如有印装质量问题，请向本集团图书发行有限公司调换：023-68706683

编序

"相信自己"，
也许自己并非最优秀的，
但一定要相信自己有能力完成任何想做的事。
如果对自己没信心，
无论做任何事情、前往任何方向，
"踌躇不定"的感觉将如影随形，
进而影响自己，无法尽情发挥潜力。
....

必须"相信自己的心"，
也许无法做到不害怕任何失望，但至少应该勇敢去爱，
并且做好心理准备，万一被对方拒绝也能欣然接受。
无论是选择恋爱对象或是做出任何决定，
只要能诚心去爱、尽可能将一切做到最好，
不管得到哪种答案或结果，
即使未能如你所愿，也可以坦然接受，
能做到这样，表示我们已了解"爱"的真谛。

人生只有一次，人人皆如此。

差别在于每个人拥有的时间长短不尽相同，

而且，没有人能预知生命的终点，

所以更应该好好把握时间，尽情运用每分每秒，

依循自己的心性，尽力做好每一件事情。

美好的人生，就从内心充满"自信"开始。

···

《别怕！你可以的，看不到未来更要挺自己》

这本书在泰国一出版就登上畅销排行榜，

是童格拉·奈娜出道时的成名之作，

如今她已是拥有众多读者粉丝的资深作家，

出版著作六十余本，可见其作品深受读者欢迎。

我们毫无疑问地确信，这样的好成绩，

必然来自她对自己满满的"自信"，

让她在经历人生每个不同阶段时，

能够勇敢迈开步伐，毫不犹豫地向前行。

好好享受自己独一无二的人生吧！

千万别小看勇敢的力量！

Akara编辑　通达·唐丘旺

请相信，唯有让心先走出去，
我们才能走到目的地；
请相信，必须让心先动起来，
我们才能克服任何阻碍。

让"爱情"先在自己的心中萌芽，
才会懂得如何爱人；
让"了解"先在自己的心中滋长，
才能体贴家人、伴侣与世上的其他人。

一切都由自己先开始，
从自己的心灵出发。

用心向前行，环顾周遭的世界，
甚至转身回顾过去，汲取各种经验，
无论曾经跌倒、失误和犯错，
或是任何受创的大、小伤口，
将它时刻放在心里，随时提醒自己。

想要拥有没有遗憾的人生，别无他法，那就是：
对任何下定决心的事——坚定不移。

童格拉·奈娜

CONTENTS 目录

Pisa tower.

花点时间
重新认识自己

做自己的主人

能够坚强勇敢、毫无畏惧向前行的先决条件，

就是"做自己"。

对自己充满信心与信念，相信并接受自己，

只要拥有自信，想要实现梦想或完成任何事情，

就会变得简单许多。

当然，无论再怎么简单，

通往梦想的道路也不可能是铺满玫瑰花瓣的华丽大道，

而是布满荆棘的崎岖曲径。

不过，一旦对自己有信心，以信念为基础，
无论再大的困难，都无法阻碍你达成目标的决心。

认识自己的梦想，了解自己的天赋，
尊重自己的价值，知道自己的权益，
保有自己的尊严，发展自己的能力，
做好自己的情绪管理，
不放纵也不偏袒自己，
不被周遭的表象所迷惑，
勇于尝试新事物，但不迷恋或崇拜虚幻的世界。
我们不见得每件事情都正确，
每天与自己谈话五分钟，
不要沉溺在日常琐事中，以至于迷失了方向；
还要懂得学习关心身旁的人，
而不是只顾着自己。

无论事情简单或困难，不管能力所及与否，

首先都要对自己有信心，

并且知道如何不断地培养自信。

自信从何而来？

其实，自信从哪里产生并不重要。

人生可以勇往直前，正是因为充满了自信。

如果人生是依靠别人而生活，

是否曾想过当靠山倒下或不再坚固时，

你将依凭什么才能独立生存？

所以，最好的自信当然来自自己本身。

Jao Phraya River

Keep walking
005

不要怀疑自己是否有坚定的毅力，
不要犹豫"我还不是很了解自己"或
"我还找不到想要做的事"等问题，
如果有疑问又找不到答案，
请从这一秒钟开始询问自己，
试着与内心沟通，找出真正的自己，
了解自己的想象力，尽量多和自己聊天，
给予自己一个重新开始的机会，
修正以往曾犯的错误，
一切就从懂得尊重自己开始，
慢慢学习肯定自我的价值。

一旦发掘与了解自己后，
再进一步探讨自己的梦想与计划，
人生将因为感到踏实而产生更多支撑，
生命也会开始朝着光明迈进，梦想不再遥不可及。

相信自己，
不要被带不走的虚名与近利所迷惑。
思考哪些是想做的事，然后努力落实。
做你喜爱的事，并且喜爱你所做的事。
随时检视自己的生活，可以让你不至迷失方向。
并且对自己诚实，做个脚踏实地的人。

有些人曾因为陷入自我欺骗与模仿他人的谎言中而迷惘，
在不断随着时代改变的物质浪潮里随波逐流。
改变自己只为了"跟得上流行"，
然后流于盲目地"追赶流行"，
最后导致自我价值"迷失于流行中"。

事实上，"跟得上流行"、
"追赶流行"与"迷失于流行中"，
三者意思相差甚远，
千万要谨慎行事，不要盲目跟从。

对于"做自己"这件事究竟是简单还是困难，
其实很难有定论，
有些人可以完完全全做自己的主人，
有些人则还没找到自我，
至于已找到的人，恭喜你!
但也别因为太过自我
因而听不进其他人的意见或者不信任别人，
只顾着向前行却从不回头检视，
太过自我感觉良好，排斥其他人的想法，
会令你变得刚愎自用。

要能真正成功地做自己，
必须透过不断学习、吸收许多经验，
才能够以理性、平衡与明确的方式，
成为自己的主人。

是否已找到真实的自己，看清自己真正的模样？
这个问题是每个人自己的功课，
没有人可以代为达成，
因为，个人与生俱来的独特气质是无法抄袭的，
不管多么努力模仿成为别人的样子，
你终究不可能成为别人。

勇敢做梦！

今天的你，遇见自己的梦想了吗？
还是忙着替别人圆梦？
或是忙着改造自己，只为了追赶潮流？
在踏出人生的每一步前，都必须审慎思考，
了解自己，才能规划属于自己的人生；
别让其他人来主宰我们的生命
自己的人生自己安排。

给勇敢做梦者的奖励

自己的人生自己安排

就人们所知道，梦有两种：
一种是熟睡中做的梦，一种是心中期望的梦想。
这里将谈论关于心中期望的梦想。

有人说爱做梦的人不切实际，
其实在每个人的内心深处，都有着属于自己的梦想，
而且从出生就开始慢慢成形。
有人生长在破碎的家庭，他们的梦想可能是
"我要努力创造幸福温暖的家庭，
绝不让孩子重蹈自己童年的遭遇而受到创伤"；
有人梦想着跟家人有相同的成就，
"我要像爸爸一样厉害"或是
"我一定要跟哥哥一样成功"。

Keep walking
013

曾有人对大学生做了一项调查，
发现年轻人的梦想都很相似，
大多是想好好尽到照顾父母的责任，
想成为有用的人、想拥有温暖幸福的家庭……
另一种是属于比较个人的梦想，
有人想成为经理人，有人想成为政治家，
有人想做生意、当外交官、歌星、作家等等。

我曾有机会教小朋友画画，题目是"自己的梦想"，
乡下孩子与都市孩子所做的梦相差甚远，
乡下孩子有着简单平凡的梦想，
都是很单纯的梦：

想当老师，
想做农夫，
想成为军人，
想当警察，

乡下孩子的梦想真的就这么简单，
但有位名叫Kan的孩子的梦想很特别——他想当狗。
我对他的梦想感到很好奇，
试着追根究底，了解原因，但总得不到答案。
这孩子除了画图外，很少开口说话，
被问烦了，他干脆直接转头闪人。
这验证了一句常听到的话：
"越是刻意追求，往往越得不到。"

再回到我们谈论的梦想吧。
有些人拥有自己的梦想，想成为运动员、音乐家、画家；
有些人甚至不知道自己想做什么，
也从来不曾思考过这个问题，
只是很认命地将自己塑造成为社会所期望的样子，
从不疑惑、从不反抗，不顽固抵抗也不要求任何条件；
也有人因理念与父母的期望不同，
为了追寻梦想和家人起冲突。
长辈总是期望孩子的未来，
能依循他们认为安全、有前途的道路前进，
即使出于善意，但实际上却破坏了孩子的梦想。

Keep walking
015

人必须找到自己的梦，才会拥有前进的动力。
一旦找到并完成自己想做的事，
会感到人生更有价值，也能从中得到更多快乐。
工作若能与兴趣相辅相成，乐在其中，
无论再辛苦也不会感到疲倦。

每个人都必须找到自己的梦想，
首要之务就是先了解自己是谁，
在人生中希望得到什么，多和自己的内心对话，
找出清楚明确的答案。

· 问自己想做什么。
· 问自己从事何种工作会感到快乐。
· 不要害怕与众不同。
· 不要害怕重新来过。
· 不要轻视自己的能力。
· 不要只成就其他人的梦想。
· 为自己创造清楚明确的梦想蓝图。
· 学习、努力、求新。
· 努力朝着自己的梦想前进。
· 每个人都有属于自己的梦想，不需要模仿别人。
· 不要期望别人和你有相同的"梦想"。

梦想成真

一旦找到了自己的梦想，就会感觉到真正的快乐，
通往实现梦想的过程也许会遇到很多困难，
这是正常的，请不要感到气馁。
人生苦短，不过百年，之后就没人记得我们了，
所以要把握当下，尽最大能力把今天做到最好。

生命是属于自己的，
应该建立在自己的梦想与真正的需求上。
即使有能力成为国家或社会的领导阶层，
或是公司、大企业的负责人，
倘若这些成就并非自己的梦想，就难以得到真正的快乐，
不过是虚度光阴，一天熬过一天，
甚至悲伤无奈，对一切感到不耐。
不想早起、不想进会议室、不愿去想象、不愿去规划，
只是莫可奈何地让日子慢慢流逝。
纵然外人看我们光鲜活跃，
但内心却不快乐，无法肯定自我的价值，
那么，无论外界如何盛赞都变得毫无意义。

· 勇敢做梦。
· 勇敢编织梦想。
· 勇敢宣布梦想。
· 勇敢跟随梦想前行。

不要害怕犯错，
忙碌奔波于工作只为了换取更多金钱，
终日营营役役却与梦想背道而驰，
只会让我们白忙一场又得不到真正的快乐。

今天的你，找到自己的梦想了吗？
还是正忙着替别人编织梦想，
或只是盲目跟随社会潮流的趋势。
如果年纪和时间允许，重新选择仍不会太迟，
如果身边的人不了解，
请勇敢表达出自己真正想要的。

这让我想到了Khun Jaran Manopetch *的一首歌：

我将安慰你的心灵使伤口愈合，
将成为小桥让你安全走过，
将化为流水为你解除干渴，
祝福你一切顺心如意直到永远。

或是许多人心目中的胡子型男 Khun Der **的歌曲：

只想向前行走，成就有意义的事，
只要找到方向，继续完成我的梦想。
虽然艰辛劳苦也要坚持下去，
虽汗水淋漓也要继续走下去。

*Khun Jaran Manopetch：被誉为泰国传统音乐天王，身兼歌手、作曲家与演奏家。
**胡子型男Khun Der：Rewat Phutthinan，泰国音乐发展史上的重要音乐家，改变
泰国音乐曲风，将流行音乐、摇滚乐与现代爵士乐引进泰国。

Keep walking
019

找到梦想后，就要坚持走到目的地，
超越自己更胜过超越他人，
若能站出来大声说："我已努力完成了梦想！"
那个人就是世界上最幸福的人。

只要记得，最幸运的人不一定最伟大或最有成就，
也许只是个生活简单平凡的普通人，
但他每一天都过着自己想过的日子。

快乐生活在于自己选择的方向，
一切全靠自己努力达成。

甜蜜的家

人生里大多数的事情，
只要想做都不会太迟，
唯有为家庭付出爱与温暖这件事，
只要晚了一分钟，
就可能造成终身遗憾。

Home sweet home.

现在，
好想回家

家是永远的避风港

温暖的家不需要很大的空间，但必须拥有一些基本元素，
才能让"家"对每位家庭成员来说都充满意义。

- 彼此了解。
- 充满爱与温暖。
- 互相鼓励。
- 随时给予家人温柔安慰。
- 给彼此足够的时间。
- 提供宁静。
- 享受快乐与欢笑。
- 给彼此改过的机会。
- 包容彼此，体谅对方。
- 拥有个人空间。
- 整洁有纪律。

只有"爱"能让家变得温馨舒适，
而不是靠宽敞的庭院或华丽的家具。
餐桌也许是爸爸亲手打造的，
由孩子们在一旁当助手帮忙。
桌上不需要摆满各种高级佳肴，
只要全家可以一起用餐，
愉快分享彼此的生活。
厨房也不需要装设完善齐全的设备，
只要大家共同分担家事，帮忙烹调拿手的食物，
一起动手满足全家人的味蕾，
享受简单生活，快乐一点都不困难。

客厅则是分享每个成员各自成就与欢乐的空间，

为彼此欢喜祝贺。

当有人难过时，随时给予安慰，

握着对方的手、拍拍肩膀或轻轻拥抱，

都是一种温暖的鼓励，

让对方知道有人完全"了解"他的感受，

帮助他再次建立信心，面对困难。

"家"之所以特别，

在于构成家的要素对成员有着特殊的意义。

每个人都有软弱、跌倒的时候。

没有人能知道明天会发生什么事，

也无法预测人生将会失望、流泪多少次。

只要以满满的爱来打造，

"家"就能成为每颗心的避风港，

无论在最快乐或最悲伤的时刻，都会想回家。

Keep walking
025

家庭的爱与温暖能不能长久，
要看家中成员是否共同遵守协议、给彼此足够的时间。
每个人都有家庭以外的责任义务要完成，
对于家庭的共同活动与责任也应该同样重视。

追求任何成就都比不过温暖和谐的家庭来得重要，
因为只有家人会互相扶持爱护，分享快乐悲伤，
当犯错或迷失方向时，会互相鼓励、补给勇气。
如果因为追求事业成就而失去家庭的和乐，
就不能称为真正的成功。

很多人迷失在不切实际的社会潮流当中，
遗忘了家中渴望亲情的孩子，
忘记孩子真正需要的是父母的怀抱，
而不是保姆或玩具。

世上没有人能取代父母的爱，
放弃加班所损失的金钱还可以再赚回来，
但错过了孩子需要被关怀的成长时期，
将永远再无法弥补。

人生的愿望清单上，哪些才是重要的呢？
家庭快乐和谐是最基本的；
若事业有所成就，
工作又能符合自己的梦想就更完美了；
拥有交心的知己朋友；
尽可能地回馈社会，无论用直接或间接的方式都可以，
若能达成以上各项，人生将不虚此行。

跟朋友狂欢享乐，却忘了留点时间、余力给家人，
其实根本不懂得怎样分配时间；
选择回馈社会，拥有解决社会重大问题的能力，
却忘了拥抱家中的孩子，其实是偏废了生命重心。

人生里大多数的事情，只要想做都不会太迟，
唯有为家庭付出爱与温暖这件事，
只要晚了一分钟，就可能造成终身遗憾。

不过，长时间与家人相处，
有时也会让人烦闷得喘不过气。

好比小婴儿整天哭闹不停，会让父母感到疲累不堪，若
这种状况持续不断，可能造成压力累积、情绪失控，
所以为人父母也要懂得适时留点时间、空间给自己，
稍事喘息，休息片刻，
才能有更多精力，耐心地经营美好生活。

致力创造家庭中的和谐气氛，
父母相亲相爱，体谅对方的立场与辛劳，
孩子感受到父母之间有爱，
自然幸福笑开怀。

每个人都有属于自己的家庭，
如何为家建立稳固根基，
要靠家中成员互相协助，外人无法插手。

将我们的"家"打造得幸福温暖，
并且充满自信地告诉自己，
当我们软弱沮丧、意志消沉、遭遇挫折，
至少还有家可以依靠，
有父母温暖的怀抱，有家人关爱的眼神，
家的大门将随时为我们敞开。

Gardening.

友情万岁！

{ 当你哭泣，我的肩膀让你依靠，
当你快乐，我在你身边跟着微笑，
当你孤独，我就在你转身可见的不远处，
不为什么，只因为我们是"朋友"。 }

朋友在人生中的
重要意义

没有一百分的朋友，

只有无价的友情

每个人都想拥有朋友，
就算嘴上说自己可以独立生活，不需要任何人，
就算心里不断提醒自己，
面对困难要坚强忍耐、一切都要靠自己，
也不代表不需要朋友，或不打算交朋友。
认为没朋友也无所谓的人，不过是在欺骗自己，
封闭自己内心的感觉，
这样的人其实不懂什么是真正的快乐。

想交到一个真心的朋友，
必须先成为其他人的好友；
如果想拥有知心密友，
就得先主动付出真心；
但并不保证一定能得到对等的回报。
任何投资都有风险，有得必有失，
和朋友往来，不要只想着有所获得，
无论在人际关系上难过失望上百次、上千次，
只要能拥有"一个"真心朋友，就值得了。

有人会疑问，怎样才算知心朋友？
其实没有任何设限，
因为"朋友"的意义是非常伟大且宽广的。
真正的朋友———
·愿意接受你现有的样子
·了解你真实的面貌。
·对你充满信心。
·打电话来总会慰问"最近好吗"，
而非每次都有所要求。
·对你遭遇的困难乐意伸出援手。
·即使帮不上忙至少愿意倾听。
·愿意原谅你犯的错或做得不完美之处。
·真心付出但从不要求回报。
·永远记得邀请你出席，即使知道你可能不会去。
·虽然距离遥远，但心却很近。

· 不评论你的对错，给予必要的支持。

· 认同你原来的样子，不曾想要改变你。

· 当方向偏离正轨，就会拍拍肩膀提醒你转回正途。

· 当你流眼泪时，朋友会陪在身旁，

有时会把肩膀借你靠。

· 谈论你的优点，不在当面或背面中伤。

· 永远对你说实话。

· 不误导你迷路或犯错。

· 提醒你的错误，不会毫无理由地偏袒。

· 即使你犯错了，

仍然愿意和你走在一起、跟你谈话。

· 虽然只是无意义的小事，仍愿意给你解释的机会。

Pisa tower

有时候情人可能还比不上某个好朋友，
但无论是"好友"或"情人"，
千万别奢求百分百完美。

关于朋友的好坏，其实还有很多细节可以谈。
感到无助时，只要朋友说一句：
"有任何事情，随时打电话找我。"
一句简单但充满真心的话语就能触动你的心弦，
即使粗枝大叶的人也能感受到。

虽然好朋友不会随时待在身边，
但关键时刻总能互相鼓励，
让悲伤失意的人获得足够勇气，
再次坚强站起来。

有些人终其一生，好坏都受朋友影响。
身边有益友，得到鼓励扶持，就会往正途发展。
有的朋友找你总是不离吃喝玩乐，
享受欢乐纵然是好事，
但也可能耽误你抵达梦想目的地的时间，
然而，无论抵达终点的速度是快或慢都好，
只要别相约往恶的方向去，
分不清是非黑白就糟糕了。

India

在前往目的地的过程中，
有时若走得慢些也别担心，
若觉得步伐太快也别焦虑。

不在乎到达目的地的速度是快还是慢，
只要能够开心地完成目标，
在过程中累积人生历练，
记着伙伴们彼此的笑容，
共同拥有美好记忆就足够了。

当你哭泣，我的肩膀让你依靠；

当你快乐，我在你身边跟着微笑；

当你孤独，我就在你转身可见的不远处；

不为什么，只因为我们是"朋友"。

真正的朋友是：

即使吵架或有所误解，

也会相互理解与原谅对方；

不随着时间或是距离而淡忘，

一起度过青春无敌的美好时光。

好好爱自己

任何人对我们的伤害，
远比不过自己所造成的。

照顾自己的
身心灵

爱自己的人才懂得怎么爱人

如果不能照顾好自己，就没有能力帮助别人。

若本身不够坚强，达成目标就变得更加困难。

事实上，若想伸出援手照顾别人，

就必须先学会照顾自己，

并不是非得达到多么严格的标准才行，

即使偶尔在规矩、礼貌方面，

有些小缺失也无伤大雅，

重点是，我们真的把自己照顾好了吗？

照顾自己必须是全方位的，

包括心灵、身体、思想与生活。

曾有人说：You are what you eat.

这句话绝对千真万确。

例如：爱吃高热量食物就难摆脱肥胖；

爱喝酒一定会让身体负担太大。

多吃蔬菜，对消化有益又高纤清肠；

吃减肥药，眼眶凹陷像鬼一样；

多喝牛奶，补充钙质增进健康。

我们所选择的食物会直接影响身体的运作，
虽然无法时刻控制口腹之欲，
但如果毫不忌口，暴饮暴食不加节制，
可能会给健康带来大麻烦，
因为肥胖总是伴随着各种棘手的慢性疾病；
挑食和过度节食同样对身体有害，
体质虚弱、小毛病不断，
往往就是因为摄取的营养不均衡所致。
建议饮食要适时、适量，不偏食也不暴食，
均衡摄取各类营养素，
拥有健康其实一点也不难。

Indian spices

照顾自己不只要注意饮食，
保持规律的运动习惯也同样重要。
若不适度锻炼身体、训练肌耐力，
基础代谢率就会下降，随着器官老化，
身体当然越来越不健康。

运动还能带来有品质的生活，
除了可以增加抵抗力、保持精力充沛之外，
运动时分泌的脑内啡还能产生愉快的感觉，
有益心灵的健康。
现今有许多有趣的新式运动可选择，
试着动起来，感受生命的活力吧！

任何人对我们的伤害，远比不过自己所造成的，

只要心里不愿屈服，

没有任何人能伤害我们，

事情是好是坏，全都取决于自己的心。

拥有健康就是最大的财富，

即使富豪也无法花钱买到健康。

花钱是小事，能不能治愈才是大事。

身体健康是心灵强壮的基础，

才能有足够的信心去克服、超越

天下所有困难事。

Broken hearted man!

"休息是为了走更长远的路"，

有人急于追求成功，日以继夜不停工作，

没有充分的休息和充足的睡眠，

营养摄取不足，又忽略运动，

这些不良的生活习惯都将加速身体机能老化，

就算获得成功却失去享受人生的机会，

岂非得不偿失？

因此，如何照顾身体、保持健康，

才是保证生活品质的不二法门：

· 摄取对身体有益的食物

· 让自己得到充分的休息

· 维持体能，养成运动习惯

· 阅读书籍，培养心灵能量

· 凡事放轻松，保持心情愉快

· 让自己看起来清新整齐

能做好以上这几件事，人生就能快乐向前行。

日子过得越简单，身心就越轻松自在。

疼爱自己、照顾自己，是自己的责任，也是权利。

社会进步为人们带来了便利，

想吃美食，只需一通电话，美食就会送到家。

在以前，想吃道青菜，必须先摘下爬在围篱上的嫩叶，

然后一家人围在一起，边聊天、边烹调。

在烹煮过程中，彼此分享快乐与忧愁，

随着佳肴一道道端上桌，

家人间的感情也跟着悄悄滋长。

然而，现代社会虽便利，生活步调却相对紧凑，
时间老是不够用，连饭都吃得急急忙忙，
不仅让我们忽略了用餐的情趣，
也忽略了为什么而吃的意义。
为了生活而饮食当然没错，
但摄取均衡营养素才是最需考虑的重点，
在进食的同时，也要能意识自己"吃进了什么"，
真实又贴切地反应了"You are what you eat."这句话。

想一想，
有多久没有好好吃顿饭了？
是否想念妈妈的拿手菜？
上次回家吃饭是多久前的事了？

成 长 是 ……

以正面的态度看待世界，
但也不能没来由地乐观，
凡事小心谨慎，
现实社会并非我们想象那般美好。
务必成为解决问题的一分子，
不要做麻烦的制造者。

乐观者的世界永远是彩色的

正向思考非常重要，可以让生活更有活力。
有些人看什么都不顺眼，对世界充满抱怨，
久而久之将令人感到厌烦，没人想陪伴也没人敢接近。
思想正面的人，
无论遇到什么难题都能勇敢面对、务实处理，
同时告诉自己：
"我一定有办法解决，而且轻而易举。"

乐观的人必然乐于助人，
就算不是自己的问题也会想办法帮忙、给予对方鼓励，
这样的人就像磁铁般具有强大吸引力，
得到朋友、上司、下属的关心与爱戴。

理由很简单：
与乐观的人相处，让人感觉轻松自在。

透过人们常说的话语，
可以简单区别出乐观正面的人和悲观负面的人。
在相同的情况下，从各自的反应就能明显看出差异性，
例如遇到麻烦时，悲观负面的人常说：

· 我永远不可能做到。

· 困难度远超出我能力范围。

· 这不关我的事。

· 这不是我的问题。

· 如果没有这件事情发生，一切都将会更完美。

· 我根本就没有机会。

· 完全没有选择的余地。

· 看不到任何一线光明。

· 唉！世界真黑暗。

· 无法做出任何改变。

· 对方不可能答应的。

· 绝对无法任由我们决定。

· 这件事让人伤透脑筋。

至于正面乐观的人，
面对同样的事则有完全不同的观感，他们心思较细腻，
遇事会先思考、分析，并积极寻找出解决办法。

例如：

· 我们一起想办法解决吧！

· 太棒了！非常有挑战性。

· 这件事好有趣。

· 我们还有下次的机会。

· 该请谁协助呢？

· 选择哪种方法最有效率。

· 我们一定会尽力处理。

· 还有许多解决方法。

· 我有几个好建议供大家参考。

看得出来这两组人都想帮忙，
但负面思考的人却是帮倒忙，于事无补；
正面思考的人则试图让事情变简单，挹注希望。

想拥有优质的人生，
就必须学会照顾自己、管理心灵，
积极地找寻解决难题的方法，做自己的帮手，
协助让事情变得更简单、便利与合宜，
提供解决方法，而不是让问题更复杂。

积极正面的意义包括很多层面，
只要能乐观地看见世界的美好，人生也将得到快乐。
正向看待所有事物的人，
不轻言放弃、不怯懦气馁，
时时刻刻充满活力与自信，
拥有这些特质的人也较有机会成为领导阶层。

面对人生的态度有正面也有负面，有时则两面兼有。
若太过乐观、过度信任这个世界，
不懂适度质疑、思考事物背后的成因，
也会带来负面影响，过犹不及都不是好事。
总之，小心谨慎踏出每一步，
但也不用因此绑手绑脚，不敢行动。

不要因上述原因而不敢跨出去，
限制了自己的可能性，
勇于尝试新事物，别因为没做过就害怕，
而为自己筑起高墙，画地自限。

乐观正面是一种健康的处事态度，
正面看待爱情；乐观看待友谊，
但别忘了小心保护自己，
因现今社会并非事事如想象中美好。

当发生意料之外的情况，被挫折绊倒或摔跤了，
请坚持初衷，重新努力爬起来！
等待雨过天晴。
最重要的：
一定要成为解决问题的一分子，
而不是麻烦的制造者。

例如刚失恋的人，突然间失去熟悉、依赖的关系，
任谁都难免感到怅然若失，不知如何是好，
甚至怀疑生活该怎么继续下去，
不可避免会心情低落、沉溺在悲伤的情绪中，
脸色憔悴、眼神暗淡，令周遭亲友担心。
然而，自己真的想这样吗？
让爱你的亲朋好友担心，于心何忍。

不过就是失恋，没什么大不了，
当作自己走错路，再走回来就是了，
不用太过担心。

何必苦苦追寻爱情？
爱情就在心里，
这是不变的定律。

现代人总是盲目追寻许多事物，
想拥有、想得到、想超越其他人、想成为第一名，
却忽略了生活中的小小事件。

是否曾经注意到：
我们有各方面的常识，却不敢做决定；
我们有金钱购买美食，
却从来不考虑身体所吸收的营养价值；
我们有智慧、知识、能力，赚取更多金钱，
但对别人的关怀却日益减少；
我们爱护父母与家人，
但一天二十四小时中，
几乎没花时间陪伴最爱的家人；

我们拥有更多自由，
但也被许多现实条件所束缚，
生活中的欢乐也越来越少；
我们学习更多能力处理眼前的工作，
但埋首工作却变成家庭支离破碎的主因；
我们开始感到想爱的与可信任的人变少，
憎恨的人却在增加。

如果再不将自己的脑袋敲醒，
仍然让虚伪的欲望操纵我们的情绪，
怎么会得到真正的快乐呢？

Indian spices

很简单，只要改变人生的愿望，

所作所为的目的都是为让周遭的人感到快乐；

很简单，只要不介意吃点小亏，放慢脚步；

很简单，只要肯拥抱身旁的人，

而不是自己一人踽踽独行；

很简单，只要我们阅读更多书籍，吸收更多知识，

且正确地运用使其发挥功能；

很简单，当我们想为爱人准备特别惊喜，

立刻动手，别老是"改天再说"；

很简单，只要我们勇敢地开口告诉周遭的亲朋好友，

我们有多么爱他们；

很简单，只要我们勤于对身旁的朋友微笑，
不管认识或不认识，
打开友谊的大门，就能使人际更宽广；
很简单，只要做一件自己觉得特别的事，
而且是今天、现在、立刻执行。

以正面积极的态度观看世界，
思想乐观、行为正直、祝福他人并拥有善良的心。
美妙的世界不需苦苦追寻，
它不在虚无的天涯海角，
而是真实地存在你心里。

一天只有24小时

就算是时间管理达人，
如果一点时间都没留给自己，
仍然没拿到生活管理的学分。

France

Arc de
Triomphe

Seine
River

世界上最公平的就是"时间"

善用时间达到最高效率，可说是一门管理的艺术，
人们通常习惯依照喜好、随性安排时间。
其实，想让生活过得更多彩多姿，
就该学习如何有效率地运用时间，
将事情依轻重缓急的顺序先后排列。
能够做到这点，将更容易、更快速地达成目的，
且更有系统地去完成，避免浪费多余的时间与精力。

无论生活或工作上，大小事情总是不停接踵而来，
除了要执行完成自己的梦想之外，
还有朋友、家人的情感必须要持续经营，
这么多闯入人生的事项，该如何面对、处理才好呢？

在此建议将事情分类为以下群组：

· 紧急又很重要。

· 重要但不紧急。

· 紧急但不重要。

· 不急也不重要。

如果我们依事情缘由来做分类，
尽量不以情绪做判断，
就会分析出一个清楚的方向，
计划今天应该先处理哪件事，
以及处理的顺序与方法。

什么事属于"紧急又很重要"？
突发的紧急事件，
必然无法事先预知会何时发生，
例如：朋友的爸爸过世，
虽然有约会在先，也必须取消，
因为相较之下，后者更重要且紧急，
而且丧礼绝对不会举办第二次。

对于眼前遇见的问题，必须立即分析判断，
如果没有做决定、安排时间处理，
就会造成很大的影响的话，也算紧急且重要的事。

每件事情必须有最后完成期限，
无论学校的功课、给教授的论文计划书，
还是老板的企划案，都必须在规定期限内完成，
都是紧急且重要的事。

什么事属于"重要但不紧急"？
自己对未来的计划、与亲友建立良好关系、
虽不在父母身边但应该常打电话问候等等都是。
别以为重要但不急就能拖延，
稍不留意就可能让父母感到孤单；
再不留神，心爱的人就可能变成别人的；
如果对一切满不在乎，到了最后，
可能会沦落到连一个朋友都没有的处境。

什么事情属于紧急但不重要？
什么又是属于不急也不重要？

慢慢思索先后顺序该如何决定，
每个人对事物有不同的认知，
相同的事情，对某个人而言重要且紧急，
反之，对另一个人却不然。
一切取决于个人立场的不同，将自己摆放在哪个位置，
包括人生最大的期望是什么，
若能站在中间的平衡点来衡量，
做出的判断将会更完美。

谈到平衡点，怎么做才不会太过偏颇任何一方？
如何才能掌握一切，做出完善处理？
这些都是需要仔细考虑的问题。
如果对此尚未有明确的想法，
就先照前文所提出的四点来评估，
随时注意别让任何一方太过或不足，
才能达到所谓的平衡。

在情感上，

父母、孩子、手足、亲戚、朋友……

对我们有多重要呢？

在工作上，

衡量人的价值在于成果，

我们该为此付出多少呢？

在精神上，

宗教鼓励善的价值，让社会变得美好，

我们是否该投入呢？

我们每天都必须不断进步，

让自己变得更好、更勇敢。

"Everyday in everyday I'm getting better and better."

有个朋友在家中贴满了这句座右铭，

无论走到哪里都会看见，时时刻刻提醒自己。

就是要求自己一天比一天更好、更进步。

曾有人说："停在原地就等于退步。"
这是为了鼓励我们保持进步，
也许无法进步得很快，但至少不是退步。

当着手处理一件事情，
必须从各个角度分析、客观地计划一套完整的方法，
不是只考虑到开始却忽略了结尾，
如果这样，表示并未真正完成这件事，
事情并没有处理完善。
我们上学求知识，都还得参加期末考试来评量成绩，
所以，当我们完成任何事情后，
也必须加以评量、检讨，才称得上圆满结束。

时间管理纵然可以提高效率，
但有时必须处理的事情真的多到做不完，
这时请告诉自己：
"我有能力将事情一一完成，
依照轻重缓急安排最好的顺序，
只要尽力去做，就能一件件做好。"
所以，当事情繁杂时，更需要平心静气，
别让急躁、紧张的情绪影响自己的表现，
只要专注地完成手上的事物，做就对了。

**记着，一旦手忙脚乱，
得到的结果通常都不如预期。**

如果认为自己"已经尽力做到最好"，
那就坦然接受最后的结果，
就算有些瑕疵，也不要伤心难过，
因为不管再重新做几次，也不会有比这次更好的结果，
因为在当下，我们已经尽全力做到最好了。

但如果没有展现出看家本领、没有尽最大努力，
当错误发生时，就会悔不当初，
埋怨自己如果能再多努力一点，
应该会有更好的成果。

如果周遭环境让我们很紧张，
就必须控制自己的情绪，以静制动，全力以赴，
使用就你所知最好的方法来完成任务，
无论得到的结果如何，
接受它，并相信自己已尽了最大力量。

努力成为时间管理的达人吧！
学习适当地分配时间，
让自己能充分休息，有余暇从事喜爱的活动，
例如运动、阅读与其他许多有兴趣的事。

好读书，读好书

> 阅读可以打开自己的视野，
> 并不是强迫自己尽信书中所写的内容，
> 或严格遵循书中的道理。
> 选择适合的题材，才能真正提升自己。

India

Taj Mahal

Italy

Colosseum

Pisa tower.

Gondola

翻开书本
享受阅读

握起笔，尝试思考与书写吧！

远离阅读的人将失去改变自己的机会，
周遭社会不断变化，
就算努力加快脚步想赶上其他人，
如果不勤于吸收知识，进步的速度就会比别人慢。

事实上，对新闻与时事的了解将对思考有很大助益。
如果想锻炼自己的想象力，就必须透过阅读，
想象必须奠基在思考的基础上，
无法从空想、假设、猜测中获得。

当我们充分了解并拥有处理事情的相关常识，
就能将事情处理得合宜妥当。
从他人的经验来开启智慧，利用阅读他人的经历，
我们将对原有的世界产生新观点，
可以更容易了解事情的症结，
观看世界的视野也可以更开阔而全面。
因为，站得越高，才能看得越远。

如果朋友刚好送了你一本书，
或者之前买了一本很有趣的书，
未能立即阅读，被遗忘在某个角落，
请立刻翻开来阅读吧！
每天至少安排一个小时来阅读，
找一个能集中精神、无人打扰的地方，
开始属于你的阅读冒险之旅吧！
绝对能引发无限乐趣，
持续创造丰富的想象力。

阅读必须由自己做决定，
书籍的功能是提供知识与观点，
不是叫人盲目听信与遵从。
分析阅读内容，汲取好的方法与建议，
运用在日常生活中，磨炼自己。

阅读同样需要勇于尝试与创新，
别被过去的旧思维限制了思考，
为自己选择最好的阅读方向。

请相信，各种不同分类的"书籍"都有益处，
许多人认为漫画、小说类的书没有深刻的意义，
其实不乏有杰出、优秀的作品。
如果只挑选实用工具类的书籍，
但读了却不懂得运用，或知道但不执行，
也不会为自己带来任何进步。

学会运用书中的启示作为人生的指引，
故事的寓意往往能协助人理智思考、认清自己。

因此，首先要做的就是：
让自己开始享受阅读，
保证获益良多。

书籍是益友，
一旦发现一本好书，
别忘了买一本送给心爱的人，
只要对方也能从中获益，
书的价值将远超出封面上的定价。

Pira tower.

谈到阅读自然就会想到写作，
写作能训练头脑，强化思考与抒发情绪。
写些什么好呢？
就从写日记着手吧！
十年过去，翻出旧日记来看，
思绪也跟着回到旧日时光。
也许已经遗忘了曾经拥有的欢乐时刻、美好记忆，
忘记当年如何走过那些痛苦的日子，
当往事一一浮现，
更能映照出今日的自己是否有所成长。

也可以写下喜欢的座右铭提醒自己，
不一定是哪个伟人说的话，也可以自己创作。
写出自己的梦想，记录美好时光与开心的事件。
不需要每天记录，
每当想书写时就提笔写下来，
留下每一个悸动的时刻。

写下你害怕的事，
找出为什么害怕的原因，
或许就能成功克服，不再害怕。
写下让我们感到清新舒服的事，
深刻烙印在记忆中。
建议多多写下美好事物，
常接近使人舒畅愉快的事，
自然而然就会成为"清新舒服"的人。

不建议记录惨痛伤心的遭遇，
但如果真想写就必须具有正面的价值。
写下，是为了提醒自己别再重蹈覆辙；
写下，是为了不再失误；
写下，是为了教导自己更坚强、更稳重，
而不是写了让自己感到再次心痛，
否则，不如不写。

最后请记得，
阅读可以打开自己的视野
并不是强迫自己尽信书中所写的内容，
或严格遵循书中的道理。
选择适合的阅读素材，才能真正提升自己。

紧握的双手里，
什么都没有

不要只想着得到，
而是想想自己能够付出些什么。

Gardening.

Cooking.

Designing.

Eating.

关怀身边的
每个人

你不是一个人

随着年纪渐渐增长，
了解到没有人可以独自生存在世上，
曾经是父母心中小公主、小王子的我们，
家人给予的关怀，将随着我们长大而改以不同的形式表达，
紧密相连的感觉，也因为我们逐渐独立而慢慢有了距离。

在年幼时期的学习过程中，我们是接受的一方，
总是"得到"多于付出，拿金钱来说，
像是学费、零用钱、伙食费、与朋友出游的花费、
到外面住宿露营的费用或其他娱乐花费等，
都是由父母给予。
当我们逐渐成长，学习为他人"付出"，
相对的，接受的部分也会慢慢减少。

当决定要做一件事，
只想自己得到最大益处，完全不顾其他人，
甚至对他人完全没有好处，
这就是"自私"。

不自私，是人生追求幸福快乐的简单秘诀，
可以让自己与其他人都开心。

不懂得分享的人，将得不到任何快乐。
自私的人将渐渐被群体孤立，
待到察觉时，只剩下自己孤伶伶一人，
身旁没人陪伴、没有鼓励、没有笑容、
没有欢笑声，没有接受与付出，
只有孤独的自己，已渺小到无人察觉。

如果对世界残酷，世界也将对我们无情。
如果遇到坏心自私的人，
不需要以牙还牙，只要远离就好，
尽量不让自己受伤害，其他什么都不用做。

无论做任何事情，都无法靠自己独力完成所有细节，
因为我们并非圣贤，世上也没有这样全能的天才。
有人靠劳动，有人靠头脑，
有人长于歌唱，有人专精规划，有人精通打鼓，
每个人都有各自擅长熟悉的领域。

周遭朋友中也许没人拥有我们的专业与技能，
同样的，他人拥有的某些能力也是我们所没有的。
因此，集结大众的力量，利用各领域不同的专业知识，
共同完成一件作品，实现一个梦想，
一定会比个人的力量更容易且更有智慧。

请相信众人的力量，
请相信团队合作的精神。

不一定得当领导或总指挥，
无论我们是其中的哪个环节，
请相信，自己绝对是非常重要的零件，
一定要充满信心。

团队合作要注意的是：

· 乐于分享，提供想法与建议。

· 协助解决问题。

· 重视每位参与者。

· 听取同事朋友们的意见。

· 避免发生争执与冲突。

· 学习处理团队中的问题人物，
放大对方的优点，增加对方的信心，
引导他成为团队中的重要力量。

· 接受失误与改善。

· 爱护彼此，团结合作，解决问题。

最坚强的团队来自运作顺畅的组织，
即使团队中都是精英分子，如果不能同心协力，
而是互相较劲、阻碍对方的进步，
最后不仅会压垮整个团队，
还落得所有人都成为输家的下场。

学会在团队中分工合作，人生将会事半功倍，
同时能欢乐愉快、轻松地达成目标。

"无论分配到什么样的任务，务必将它做到最好。"
除此之外，还必须扩大团队的范畴，
当需要其他人协助时，要先学会建立合作关系，
更重要的是，建立良好关系后，
还要懂得如何让这份感情维系得长长久久。

维系情感关系还有一个重点，只要记住这个诀窍，
运用在工作或与他人的联系上，可说百战百胜。

有的人与朋友联络是出于利益，
这一点在工作方面会更加明显。
朋友虽然意识到自己一直被占便宜，
却忍气吞声，继续假装开心地互动，
如果始终没有得到相当的回报，
谁会愿意当冤大头呢？
所以维系关系的诀窍就是：

我得到利益，你也得到好处 —— 有福同享

说穿了很简单，却最有效果，且双方会合作愉快。
之前提到，当我们渐渐成长，
出社会后独立生活，经历了人生各种磨炼，
了解到社会上不会有人像自己的家人般，
对我们无私奉献、不要求任何回报。

无论是任何因利益关系结交的朋友
或者只是与好朋友、亲戚、兄弟姊妹、
甚至是和不认识的人相处，一定要切记，
没有人应该理所当然对你好。

不要只想从对方那里获得利益，
也要想想自己能为别人做什么。

有福一起享，有钱大家赚，
我有你也有，大家乐开怀。

我想当个好人

行善是需要练习的。
为他人付出虽能让自己感到快乐，
但有时过程并不如想象那般美好。

Broken hearted man!

抬头挺胸，
就是生命最美
的模样

如果做不到该怎么办？

千万不要天真地以为自己能做到
"成为大家心中最爱、最受欢迎的人"
这种不可能的自我要求。

别以为做到最完美，转身就不会有人评头论足，
不要奢望社会上的每个人都要接受并祝福我们。
这些都是完全不可能的。

如果因为他人的批评而伤心难过，
让自己随着有心人士的是非口舌而丧失斗志，
你就会整天闷闷不乐。
有时避免受到他人影响的最好方式，
就是不理会那些闲言闲语，
但又有谁能够完全无动于衷、不为所动，
心情丝毫不受影响呢？
那就试着放开心胸，接受周遭人对你的失望，
但别太为此难过，阻断了继续为善的动力，
甚至因此感到无力，不再向前迈进。

想战胜人心，不能期望以道理来说服，
因为不愿了解我们的人绝不听道理、原因或任何解释，
想让别人认同自己，必须以实际行动拿出成绩。

学习冷静沉着，以柔软的身段战胜逆境。
切记暴力不能解决问题，因为怒气只会让事情更糟，
不仅劳神又伤心，反而白白浪费了宝贵的时间。

当犯错时，总希望能有机会再试一次，

不希望别人对自己有负面评价。

其实最好的方法就是用行动证明自己，

同样的，我们也必须给身旁的人提供同样的机会。

说他人的坏话和八卦，

往往比赞美鼓励更有趣、也更容易。

有些人想透过这种方式影响众人的想法，

甚至连午餐的话题也在论人长短说是非，

把不在场的人当成箭靶，批评得一无是处，

但这种不良企图终究难以成功。

为了避免犯下口舌之过，

应该要更加严格要求自己谨守说话的分寸。

· 听到关于任何人的谣言是非，守口如瓶，停止散播

· 不要插手与自己无关的事情

· 如果必须解决问题或仲裁，务必听完双方说词

· 不要以负面评价谈论他人

· 找出对方优点，多赞美别人

· 不要轻易相信听到的评语；谣言止于智者，左耳进右耳出

· 如果谣言与我们有关，应小心谨慎地处理，但不可记恨

· 给予别人用行动证明自己的机会

· 人都有出错和失误的时候

· 重点在于解决和改善，而不是指责或让问题更严重

· 别以个人主观判断，偏袒其中一方

见不贤而内自省，不要只会道人长短、说人是非，

却从不看看自己是否也犯了相同的过失。

古时必须取水倒入容器中才能看到自己的影子，

现代则简单许多，只要在镜中就能反观自己。

事实上，只要愿意面对并接受自己的缺点，

水中倒影或镜中映像如何并不重要，

重点在于是否已看清真实的自我。

·学习了解自己容易犯错之处与弱点。

·接受自己的缺失并想办法改善。

·如果造成别人的麻烦，请记得诚心诚意地说"对不起"。

·不逃避错误、不逃避现实。

·透过镜子反观自身，借此有所收获。

·不要在乎外貌，因为真正讨人喜欢的是内在美。

·学习运用身体语言，例如微笑、扬眉、拍肩、握手，
可先照镜子练习，找出最自然的自己。

·外型不需太过靓丽精明，拥有善良特质便是一种美。

·愿意打开心胸接受磨炼，相信每个人都有提升的潜力。

·每个人的人生都是从零开始，
为了更美好而尝试新的改变并没有损失。

随时随地抬头挺胸，
了解自己的禀赋，给自己鼓励，
保持心胸开阔、心情平静，
打开心房，虚心接受任何批评指教，
不浪费心力在无意义的事物上。
人生还有许多事情必须突破、克服与历练，
将身体打直，挺起胸膛，
勇敢面对生命的一切苦与乐。

以满满的信心迎接每一天到来。

我爱你，你爱我吗？

爱情其实很简单，
是人把它变得复杂。

爱情
其实没那么复杂

因为爱过，所以没有遗憾

因为有爱，地球才能生生不息。
真实世界有时是如此残酷，
当人们对所爱之人感到失望，
这份对爱的恐惧，
将会影响将来每一个关键时刻。

"如果爱情能得到回应，是不是很美好？"
有人提出这样的问题。
我想不管是谁，
都希望"自己的爱情能得到回应"，
而且一定会开心得飞上云霄。
因为我爱你，你也爱我，
只要两人彼此相爱，
所有令人心烦的问题都变得无关紧要了。

也有人说："相爱容易相处难"。

两个人相恋，如何才能在一起长长久久？

其实没有那么难，只要别忽略生活中的小细节：

·随时沟通，给对方解释的机会，

不要因为意见不合就背对着对方，

甚至将目光转向他人。

·相互扶持、对彼此诚实。

·相信爱情，也信任自己所爱的人。

·相处时保持心情轻松愉快，

别把外界的压力与重担带进爱情里。

·保持关系的平衡，不让任何一方负担过重或过轻。

·面对并接受对方的优缺点，

而非忍耐对方的缺点，然后迷恋别人的优点。

· 留点时间陪伴对方。

· 当彼此的心灵伴侣，温柔相待，

花点心思讨对方欢心，

可以让爱更加甜蜜。

· 用心倾听彼此的问题、烦恼与需求。

· 保持弹性，不在某个争执点上太过固执任性，

如果希望感情长久，任何原则都有例外的时候。

· 让对方保留一点自由的时间。

· 彼此都必须拥有属于私人的空间。

以上所提到的每一点，
都是大家所谓"说得简单，做起来很难"的相处细节，
其实只要仔细分析每一项，就会发现要做到并不困难，
只需要改变自己，不曾做过的就试着做做看，
不曾妥协的就努力尝试接受。
如果能够遵照实行，保证人生幸福美满。

这样的观念不只适用于住在同一屋檐下的伴侣，
对于决定相爱、愿意将心灵托付对方、
即使还没论及婚嫁的恋人也很适用。

只要用心经营感情，
就不需一再寻找新恋情，
也不需为找不到适当理由提分手而苦恼，
就算错过恋情或为时已晚，也不会感到遗憾。

这时有人提出相当犀利的问题：

"面包与爱情，哪个重要？"

我必然信心满满地回答：

"面包与爱情缺一不可。"

如果只有爱情没有面包，问问自己：

· 若对方经常恶言相向，能忍受吗？

· 若对方常让我痴痴等待，能忍受吗？

· 对方挽着别人从面前走过，完全不顾我的感受，能忍受吗？

· 对方完全无视我存在的价值，能忍受吗？

· 为了对方必须咬紧牙关吃苦一辈子，能忍受吗？

如果只有面包没有爱情，问问自己：

· 对方很富有，能让我一辈子不愁吃穿，

那我究竟是爱他的钱还是他的人？

· 完全不想和对方拥抱，从来不曾渴望"他的臂膀"？

· 分隔两地时从不曾思念对方？

· 对方的某个缺点让我感到深深的痛苦，

还是不痛不痒、毫不在乎？

若有人坚持以经济条件来选择爱情，我当然认同；
但如果谁坚持爱情比面包更重要，我也举双手赞同！
无论你选择爱情或面包，
两者都必须付出必要的代价，
也都需要花心思经营维持，
最重要的是，你是否诚实面对自己的心。

爱情随时都可能发生

当接到朋友送来结婚喜帖，
别讶异他们利用什么时间谈恋爱，
不如问问自己呢！
是否忙到没时间好好谈场恋爱？
是否正喜欢、暗恋着某个人呢？
如果此时此刻仍未向对方表达心意，
赶快找机会表白吧！
我们永远不知道明天会发生什么事，
未来又隐藏着什么变数。
说不定明天就可能因意外而丧命，
连告白的机会都失去了。

人生中可以真心爱上一个人，就算不虚此生了，

如果能够勇敢告白，生命必将因此更丰富美妙。

若被拒绝或对方的心已经另有所属，也不要伤心气馁，

至少告白过了，就不会有遗憾。

千万别因为得不到对方的爱就怀恨在心，

也不要陷得太深而无法自拔，非得将对方抢过来。

就算只是维持朋友的关系也很好，

如此，当对方需要帮助时，

关心对方的你就能立刻伸出援手。

爱恋的感觉就在心底，不需要到处寻觅，
也不会因得不到对方的回应就因此消失，
当我们爱一个人，爱情自然会在心里滋长。
试着学习经营一段简单、普通的爱，
因为爱情每天都可能发生，
如果不了解爱，必然会因此带来痛苦。

谈恋爱并不只是自己的事，还要顾及周遭其他人，
这才是对待爱情的成熟态度。
想想妈妈怀胎九月，辛辛苦苦将自己养育成人，
如果因为失恋而伤害自己，多么不值得。
如果你正为了爱情而自暴自弃，失去动力无法前进，
多想想心疼你、担心你的父母啊！

· 勇往直前，接受人生不可能每件事都完美成功

· 勇敢迎接下一次恋爱，尝试不同的恋爱模式

· 试着谈一场无条件的爱

· 训练自己，学习和突如其来、没来由的寂寞相处

· 了解自己的感受

· 给自己机会寻找新的对象，

也许灰姑娘或青蛙王子正等着我们

· 爱情并非共同体，但如果是真爱，

对方会无时无刻不出现在心里

· 学会对爱知足，才能更幸福

Saree

每次写到爱情都相当忘我，想要继续写更多，
事实上，爱情就是这么点事情，就是这么简单。

爱情其实很简单，
是人把它变得复杂。

谈到爱情，就会联想到思念，
最后用一段关于思念的文字做结尾：

思念顺时针缓缓走过，
有时逆时针倒转一下，
想念曾经相处的日子，
想念那段无论你最后选择谁，
我依然祝你幸福的日子。

如果你心中的那个人尚未出现，
我愿意陪伴在你身旁，即使我还是没有机会。
但我知道思念是爱情的一部分，
只要能拥有思念你的权利就够了，
虽然这样的爱有点不尽完美。

希望你能了解，
爱上某个人是无法以谁来代替的，
所以我无法代替你心所属的那个人，
但也没有人能够代替我心中的你。

很想紧紧拥抱你，
但如果拥抱让你感觉不自在，
至少留给我静静待在你身边的权利。

没有人能预测明天、下一秒钟会发生什么事，
所以，勇敢对所爱的人告白吧！
无论结果如何，至少在生命走到尽头的那一天，
不要留下遗憾。

不要输给自己

不要走相同的路，不要犯相同的错，
不要做会让自己害怕而逃避一生的事。

不要困在过去的
悲伤回忆里

过去的就让它过去，未来正在到来

记忆浅短有时也是种优点，
容易忘了伤痛，让人生能不停前进。
记忆深长的人，有时却得带着痛苦回忆直到生命结束。
没人能够替我们决定记忆要浅短或深长，只有自己，
但必须坚定且聪明地选择，
运用在人生当中所遇到的各种情况，
利用它创造机会，让我们不断前进。

不要轻易倒退或反复，因为姿势肯定很丑。
失败的经验多么难能可贵，
若不曾跌倒或难过，永远不会了解，
站起来拍掉尘土，擦去从膝盖渗出的血水，
那种感觉是多么刻骨铭心。

但也不需要每件事都亲自尝试错误，
有时听听长辈的建议，
再加以运用在自己的遭遇中，
即使不曾亲身体验，也能从中学习。

不犯相同的错误，
就算没人给我们鼓励，
也要自己鼓励自己。
靠自己双脚顶天立地，
爬不起来也要用手撑住，
无论如何绝不认输。

Sakura

有的父母希望孩子追求学历，

在孩子毕业时，父母感动落泪。

不过，即使领了毕业证书，

不代表就能照顾自己或独立生活。

有的父母要到孩子结婚了才放心，

当孩子步入礼堂，父母脸上尽是欣慰，

想到昨日还包着尿布的小婴儿，

如今就要成家立业，

但即使结婚也不能证明从此就能照顾好自己。

时代已改变，人们的价值观也跟着改变，

我们不能以两三张文凭或结婚与否，

来衡量一个人是否独立自主。

教科书并没有教我们如何面对与解决人生的难题，

更没有标准答案可依循，

唯有能够仔细思考并正确地处理，才是最好的答案。

人格的独立与否，没有任何器具或标准可以衡量，

唯一能肯定的是，

绝不让曾经犯下的错误或破坏家庭关系的悲剧重演，

进而影响我们前进的信心，

试着将那些悲伤失败的经验，转换成教导我们的良师。

不要走相同的路，不要犯相同的错，
不要做会让自己害怕而逃避一生的事。
选择记住痛苦的经验，为了不让自己再犯同样的错；
选择记住欢乐的时光，让自己每次想起时都会微笑，
成为持续向前走的动力。

聪明选择对自己有益的人生经验吧！

如果成长过程中总是渴望得到父母的拥抱，

就当个经常拥抱孩子的父母；

如果父母不曾亲口说爱我们，

就常告诉孩子自己有多爱他们，给孩子满满的信心；

如果父母总是只透过电话关心我们，

请不要为了弥补"爱"而买"手机"给孩子，

留点时间，亲自把"爱"给予孩子；

如果父亲花心，留下悲伤的母亲独自守着家庭，

请不要让自己的婚姻重蹈覆辙；

如果妈妈花在牌桌上的时间多过给我们讲故事，

那么请花点时间，下厨给孩子做美味的餐点；

如果自己曾经因为不用心读书而留级，
那么请多花点时间陪伴孩子专心学习；
如果父母曾经强迫我们选修不喜欢的科系，
请不要也强迫孩子选读我们所期望的科系。
如果曾经嗑药、吸毒而误入歧途，
请马上勒戒，没有任何事情能难倒我们的意志力，
从此坚决不再碰毒品。

缺少什么就补足，
不要加深伤口的裂痕，使伤口溃烂。
生命自诞生那一刻就属于我们自己，
味道苦涩或甜美全由自己一手烹调。

勇敢的序曲

想要发挥所长更上一层楼，
首要条件必须拿出勇气。
在出发到远方之前，
得先面对胆小害怕的自己。

社会的规范无形中会把人局限在框架里，
想要求新时代年轻人勇于表现自己，
说出心中想法，是件相当困难的事。

不过并非全然无法改变，
虽然不见得可以改造所有人，
也不可能在短时间之内成功扭转故习，
但我们可以先从改变自身开始着手。

自己是否曾经有许多很棒的想法，
却不敢在会议上、课堂上或人群众多的地方表达出来？
因为害怕……

· 想法不够特别，别人也许会觉得很愚蠢。
· 担心别人会眼红，为避免引起敌意，
还是保持安静比较安全。
· 不知为何就是不敢说出来，问自己也找不出答案。

另一个情况是在教室上课时，

脑海里有很多问题想问老师，

想请老师针对自己不懂的部分再解释一遍，

或举些例子让我们更容易了解。

但真的遇到这种时刻……

·还是别问了，怕老师觉得我很笨。

·其他人怎么都没问题呢？

是否只有我听不懂，我真笨。

·内容应该很简单，一定是我脑筋转不过来。

·就是不敢举手。

这时要怎么做才能变勇敢呢？

答案就在这里：

· 看见自己的价值。

· 了解自己的权利和义务。

· 相信自己有发表言论的自由。

· 意识到身体的自由其实是由心理决定。

· 理解内心的不确定感源自什么，然后充满信心地发问。

· 有系统地分析并归纳出自己的意见，

然后自信满满地提出建议。

表达意见是很正常的社交行为，
在会议中或上课时提出自己的见解，
只是一种**经验的交换与分享。**
也许主题不对、不着重点，
但也胜过什么都没做。

要知道，会议在大家共同讨论出结论后便视同结束，
不趁现在发言，要等到何时呢？

而学生有责任针对自己疑惑的部分发问，
老师也有责任教导学生知识与解除疑问，
这是老师与学生之间的"责任"规定。

当我们勇敢提出看法，也相信自己已经尽力完成，
如果仍有缺失，让人笑话，
请告诉自己，那些都没关系，
因为成功正是由错误经验累积而成的。

· 请再次为自己加强信心。

· 告诉自己人生本来就会偶尔出错。

· 永远愿意再给自己一次机会。

· 不要过度担心。

· 不要无精打采，垂头丧气。

· 保持开心快乐，有好的想法和意见时，请勇敢发言。

大方表达心中想法的人，
勇敢提出自己意见的人，
每当不清楚、不了解都会发问的人，
就是对挫折具有抵抗力、最强的人，
也是比其他人更能提前遇见生命美好事物的人。

附带一提，

我认识的一位妈妈曾表示，

让孩子读国际学校比较好，

会比读一般学校的孩子反应更灵活、聪明。

关于这点我不是很认同，

是不是国际学校并不重要，

重要的是家人给予孩子的爱是否足够，

教育是否开明有弹性。

谎言

> 只有极少数的人能够坚持不说谎。
> 以诚实为美德的人日益减少，
> 行骗诈欺的人却越来越多。

谈论私人话题

堕落的诱惑常让人难以自拔

只顾往前冲，没时间让大脑休息，
时间久了精神一定不堪负荷。
人生与快乐是不可分的，
但人们却老是喜欢将人生与痛苦牵扯在一起。

也不知为什么，
每当有机会选择时，往往会选择不好的事情，
也许是因为堕落永远比向上提升来得简单容易吧。
带点犯罪色彩的事物通常具有难以抵挡的吸引力，
若能够抵挡各种诱惑，代表我们越来越能控制自己。
但也别太一丝不苟，凡事抱持完美主义也不好，
人生本来就偶尔会出差错，犯点小错并无大碍。

人格完整的人在犯错时,

愿意面对自己的错误然后修正它。

人的价值与责任,在于努力所得到的成果。

如果在意道德,我们会发现不能只在意最后的结果,

还得重视整个努力过程是否以正当的方式达成。

有些人只在乎最后的结果,不择手段达成目的,

就算成功也不值得喝彩;

有些人不管他人死活,踩着别人往上爬,

这种事不值得鼓励,这样的人也很难找到真心朋友。

找个时间独自享受一个人的咖啡时光,

回想过去的事,思索未来前进的方向。

在这个与自己谈心的时刻,诚实地检讨自己的缺失,

不过"检讨后必须产生力量",

而不能只是责备、打击自己继续前进的信心。

"检讨后产生力量"，

不仅适用于自己，也适用于身旁的人。

我们爱孩子，就必须教导孩子面对问题，

学习改善与解决的能力，

因为父母无法一辈子陪伴与呵护在孩子身边；

我们爱父母，也要勇敢地表达不同的看法，

别让自己永远被迫走在父母规划好的道路上。

不是要你指责父母，而是取得良好的沟通，

尝试用"也让我表达一下心中的想法吧"这种平和的说法；

我们爱朋友，必须提醒对方的缺失，

不是大力批评，而是将自己当成一面镜子，

让朋友多个借镜参考的角度；

至于情人，最重要的是互相体谅，

配合彼此的需求随时调整，

"爱情"通常可以将复杂的事情变简单。

最重要的是倾听内心的声音，

现代人经常忽略了身边的各种小事。

没有人情包袱，才能做自己

经常占人便宜或喜欢享受免费服务的人，

将丧失个人的价值与权力。

明确地告诉自己：

"世上没有白吃的午餐，不要钱的往往最贵。"

尤其面对陌生人时更需特别谨慎，

不熟的人突然免费赠送物品或请客吃饭，

请注意背后是否有其他目的。

建立在利益上的友谊不会长久，

所以最聪明的做法就是："该付的还是要付"，

这样就不需背负人情债，

也不会因为惦记着回报人情一事而烦心。

没有人情包袱，才能真正做自己，

待人处事若能拥有坚定的原则，

就不会让任何权力钳制我们的思想。

不能说的秘密

曾有人说过：

"真的想保守秘密，千万别告诉任何人。"

这句话绝对是真理，但不建议这么做，

因为，如果将所有的秘密，

不管好事、坏事全部放在心里，

即使那人承受得了，也会感到非常痛苦。

一般人还是该找个能信任的人，可以倾听我们的心事，

重点不在于说什么事，而是慎选那位倾听者。

而谁是那个特别的人呢？

每个人都有不同的个性，处理事情的态度也不同，

有人无法接受太复杂的事，有人却没法接受太简单的事。

选择倾听者的条件并没有太多限制，

但一定要是关心我们、对我们个性有足够了解、

心怀善意、值得信任的人。

如果你仍然想保守秘密，只能再次强调：
"真的想保守秘密，千万别告诉任何人。"
可以告诉微风，告诉阳光，告诉某个在梦中出现的人，
或是写在日记本中告诉自己，这样也是一种抒发的方式。
如果仍然无法排解，
请选择告诉父母，或是最要好的朋友。

有些人选择以说谎作为解决难题的手段。
说谎有两种状况，
一种是善意的谎言，一种是恶意的谎言。
当开始编造谎言的那一刻，
就代表脑袋开始消耗大量精力在无意义的事情上。
重点是说谎者必须花费心思去圆谎，
曾经跟这个人怎么说这件事，跟另一个人又谈了什么内容，
久了，大脑也会疲累不堪。
因此，若没有编造谎言的功力，
还是把心思放在其他对社会有贡献的地方吧。

善意的谎言指的是：出于无奈、不得已说谎，
目的是为了不让对方担心，希望情况不要继续恶化。

这世界上并非只有善与恶、黑与白的二分法，
别忘了还有中间的灰色地带。

在到处充满危机的现代社会中，
可能无法避免完全不说谎，
因为有太多身不由己的无奈，
例如"我自己都自身难保，也管不了其他人了"，
仅有极少数的人能够坚持不说谎，
以诚实为美德的人日益减少，
行骗诈欺的人却越来越多。
泰国有句古语：
"说好话带来好运，话太多嘴巴会沾染颜色。"
我想那应该是红色或血色吧。
所以，没必要时就别多话，说谎的几率自然会降低。
没人问就没必要回答，若"说"出来会造成别人困扰，
就应该紧闭嘴巴。

在这里教大家如何避免说谎的技巧，方法非常简单，

如果遇到真的无法说实话的时候，

试着用以下说辞避开话题：

不知道。

不能说。

这是秘密。

我不想谈这件事。

我不想介入这件事。

只做简单的回答，就是不要说谎。

即使觉得自己应该说些善意的谎言，但事实胜于雄辩，

如果不小心说了不该说的话，讲的人就会完蛋。

一句无心的话，一件不经意的小事，

都可能造成我们与朋友、主管、情人，

甚至父母之间产生误会而渐行渐远。

谁对谁错，老天爷自然会评断，

不需要无事生非，把自己牵扯进去，

本来任何好坏都与我们无关，

若因此失去一段友情或关系，真的不值得。

原味风格

接受对方原本的样子，
也要学习接纳原本的自己。

价值观与责任

做正确的事，就是做善事

随着生活步调日益紧张，生活中重要的小事不知不觉被忽略了，
原本社会为了使人们共享和乐所规范的道德、礼貌等，
也不太有人重视遵循，
结果造成社会脱序、道德沦丧的紊乱现象。

别再犹豫不决，
赶快做正确的事。

最简单的改善方法，就是照着应该遵守的规章，
以道德标准约束自己的行为，
别人违规、犯错、行为偏差，
就该引以为戒，不可效仿。

想拥有美好的社会生活，就必须为他人做好的模范。
也许他人还没察觉我们的好，
甚至到离开人世的那一天都未曾看见我们的优点，
即使如此，我们还是要做该做的事。
为善不欲人知，所作善行虽然没有人知道，
却能为人生带来莫大的快乐。
至少我们看见了其中的价值，
了解自己已尽最大努力、真心付出。
如果只为了得到别人的喝彩而努力，
将会因为在意外在评价而疲累不堪。
有时太过野心勃勃、求好心切，
反而失去了行善的初衷。

善的价值并不会消失，
身为善的执行者，善的价值会一直跟随着我们，
一个小小的善举，影响范围甚至会扩大到整个家族，
对父母来说有着更深远的意义，
对孩子而言远超过价值上亿的财产，
更重要的是，我们能够永远拥有它。

什么是行善？有人行善是为了交换功德的累积，
其实这么做是本末倒置。
在落实善的行动中，功德自然会累积。
了解行善时该注意的原则，然后快乐地实行，
经常练习，让自己熟练成为习惯，一切就会变得更简单。

在规范别人之前务必先要求自己，
世界会因为我们的善行变得更美丽。
有几件简单的事可以马上检视自己，例如：

·是守时的人吗？

·是否诚实？对公司忠诚吗？

·有遵守规矩吗？

·曾经违反社会规定吗？

·对自己的责任尽力了吗？

·有运动家精神吗？

·有行使自己的投票权吗？

·将自己的权力使用在正确的地方吗？

除了以上几点，生活中还有很多其他事可以检视自己，

若读完上述各点后，发现自己缺乏其中某一项或很多项，

代表得多加训练自己。

不需要求自己在短时间内成为最好的人，

但一定要持续一天比一天进步。

请牢记，不需要完全遵守每项规定，

所有的规定在非常时期都可以有例外。

重点是，我们必须尽力而为，

如果无法遵守规定，也尽量别让他人受到影响。

例如：参加早上十点钟的会议，所有与会者都在等你，

但不巧生了重病，或是家人身体不舒服，

或是有其他更重要的紧急事项发生，因此无法参加会议，

这时千万不要失去联络，可以将工作委托信任的同事代理，

至少通知大家，不要让这么多人等你一个。

如果无法要求自己遵守规矩和秩序，
就不要期望身旁的人能够遵守。
一直唠叨说教也没用，
唯有以身作则、做他人的好榜样，
才能慢慢改造周遭环境，让世界变得更美好。

只记得叮咛别人该注意的事，
自己却没做好，又怎么能责备别人呢？
每次约会总是迟到的人，
这次因为刚好在附近闲逛，所以准时赴约，
却因为对方迟到了十分钟就大发雷霆；
教导孩子酒精会害人误事，绝对不能碰，
过一会儿却要孩子帮忙到巷口买啤酒。
这样如何能要求别人守规矩呢？

想改善周遭环境，必须先从自己着手。

想让世界变美丽，得先从自己开始改变。

有些人在社会上成就非凡，却缺乏某些好的特质：

· 懂得人伦道德、长幼有序。

· 懂得使用请、谢谢、对不起。

· 保持谦恭有礼。

· 听取别人的意见。

· 适当地使用身体语言。

· 经常微笑。

· 懂得忍耐、有耐心。

当然还有许多，不再一一列举，

但不要只是纸上谈兵，

若不经常练习，很快就会忘记。

我们并非一出生就是圣人，

每一项善的特质都需要时间慢慢地磨炼。

对于未来即将面对的责任，
保持理智，专注且耐心地处理，
最终我们会成为"有价值的人"。

做错事就认错，说对不起，并积极改善；
重点是必须亲自道歉，不可请他人代办。
说对不起要发自内心，
否则接受道歉的人将感受不到诚意。

没有人在各方面都能表现得完美，
有优点也有缺点才是正常的。
只要有原则，时常检讨自己，随时调整改善。
记得，我们不可能成为世界上最完美的人，
而且也不可能有十全十美的人。

接受对方原本的样子，
也要学习接纳原本的自己。

日子一天天过去，永远要告诉自己明天会更好，
外界的纷扰也许让我们远离了本性、远离了成功，
但是只要意志够坚定，成功其实不必到处追寻，
只要每天都能做得比昨天更好，就是最大的成功。

不需为了寻求完美世界到处劳碌奔波，
因为快乐就住在我们心中。

施与受之间

{ 相信吗?
"付出"得越多,
"得到"的也就越多。 }

感恩回馈

父母是人生的第一个老师和朋友

在孩童时期，什么也不会，父母经常给予我们信心与呵护，
不顾辛劳只为养育孩子长大，其中的牺牲我们实在难以体会。

"只要看到孩子的笑容，一切劳累都值得了。"
常听到许多父母说这样的话，
他们的要求其实不多，只要看到孩子受到良好教育，
能够在社会上独立自主，靠自己的力量生存，
父母要的真的只是这样而已，为人父母者从不奢望太多。
那我们做子女的，
曾经对父母有过什么期望吗？

也许父母不如我们心目中所期望的那般完美，
但请相信他们是最好的，
能有父母可以依靠，真是最大的福气。

我们不会记得，父亲曾经多么引以为傲地
向隔壁邻居炫耀他的孩子学会翻身了；
也不知道，当我们开始学走路时，
母亲忍不住流下泪水的那股兴奋与感动；
还有自己开口说的第一句话，
世上只有母亲绝对不会忘记。
第一次上学，我们还不会自己挑选书包，
是父亲买了最好、最漂亮的给孩子；
母亲每天教我们功课，从不会认字到开始读写、算术，
直到现在甚至觉得自己所学已经远超越父母；
当我们跌倒受伤，父亲用药油轻轻帮我们推揉痛处，
同时温柔地安慰："痛痛飞走了。"
对于童年的琐碎小事，我们也许完全没有印象，
但却深深烙印在父母心中。

若不是父母为我们打下好的根基，
自己也无法在社会上成长茁壮。

我们必须学习编织自己的人生，
必须延续生命，练习独立自主。
世界是所最宽广的大学，
我们身在其中，学无止境。
若不懂得充实自己，开辟新路，
就无法到达想去的远方。

对父母尽孝道，就是为人生增添福气。
报答父母的恩情，就是在累积成就与福报。
心中时常惦记着父母，感念我们的养育之恩，
就是为人子女孝顺父母的基本。

若无法在亲生父母的羽翼下长大，也不要悲伤难过。

那位养育照顾、给予我们温暖的人，就是我们的父母。

体内基因不同并不重要，

重要的是他们用心教导、养育我们长大，

提供我们良好的根基，给予满满的呵护，

养育之恩更胜生育之恩。

父母是自己人生中的第一个老师和朋友，

也是人生中第一个帮我们拭去眼泪的人。

报答父母恩情是天经地义的，

问问自己，如果连自己的根本也忘了，

怎能开心享受自己今天所拥有的成就呢？

报恩并不困难，

只要选择做自己有能力的事，

然后将它做到最好。

报恩的方法无法用言语解说，因人而异。

有空时打个电话向父母问安、经常回家探视父母，

是最简单的方法。

有人认为金钱可以解决一切，连孝顺父母也想用钱打发，

只会寄钱给父母却很少回家，这不是真的孝顺。

再次强调，金钱并非万能，

因为亲情的天伦之乐，是花再多钱都买不到的。

家人的爱最是长久永恒，爱的学习必须从家庭开始。

孩子可能告诉妈妈，我并不想要昂贵的玩具，

只想得到妈妈的拥抱；

当父母年迈，唯一想要的不是华贵的衣裳或饰品，

而是孩子温暖的陪伴。

别想用金钱来打通关，
人生有许多关卡不是用钱就能解决的。
钱可以换来物质的享受，
却不能换来心中的理想世界。

报答恩情并不止于父母，
还要懂得回馈孕育我们的大地与世界，
因这世上还有许多角落需要关爱与援助。
有的人很幸运，一出生就拥有美满的家庭，
但还有许多人的生命有所匮乏，
没有我们的好运气。
不要觉得只有自己最重要，
只在乎自己过得好不好，
要了解"回馈社会"也是每个人应尽的责任。

相信吗？
"付出"得越多，"得到"的也就越多。
也许得到的回报并非金钱财物，
但那种因为乐于分享而得到心灵富足感，
是再多金钱也买不到的。

快乐的多寡是没有限制的，
认真行善的人随时可以自由取用。
只要努力为世界创造更多美好，
快乐将加倍地回馈我们。

想得到快乐的回馈，

并不需要捐很多钱财，

因为功德并非以捐助物质作为衡量；

也不需要做超出自己能力范围的事，

只要有机会行善，事无大小，尽力而为即可。

曾经献过血吗？

曾经讲故事给小朋友听吗？

曾经共同创造社会所需的资源吗？

曾经慷慨给予绝望的人拥抱吗？

回馈报恩是件让人越做越快乐的事，

若不相信，可以自己试试看。

Let's Go!

勇敢向前行，
为了自己，也为家人，
为了国家，也为世界，
我们必须继续向前行。

Moving
Forward.

继续向前行

不要害怕困难的事
反而要小心表面上看起来简单的事

每个人都了解为什么要做善事，也知道该如何做善事，

只是有些人还没开始实行。

我们不需要成为完美的人才可以做善事，

行善随时随地都能开始，一点也不困难。

每个人都期望拥有完美的人生，

但必须先长智慧再回答：

"所谓完美的人生是什么？

富裕能为人生带来完美吗？"

若没有任何人因我们的存在而过得更好，

就算得到再大成就也不会快乐。

当我们真正认识自己，有充足的自信，

有美丽的梦想，成为社会上有用的人，

我们更应该对自己所拥有的一切充满信心，

坚定地迈开大步向前行。

每一本为了娱乐或自我提升所阅读的书籍，

每一句所听过、学过的各国名言，

每一件对我们有帮助的事，

如果学而不用就会失去意义，或是了解但不运用，

将比完全不懂的人还要糟，

因此必须不停地思考、研究、阅读，

吸收各方资讯为自己所用，

努力提升自己，才能贡献社会。

Sakura

是否问过自己，想要达成的最高理想是什么？
你已经拥有自己的最高理想了吗？
若我们对自己人生充满光明的思维，
对周遭人的作为予以正向思考，
如果愿意把爱分享给别人，
懂得付出，并且乐意付出更多，
还不忘每天提升自己，让自己变得更好，
我们一定能达成最高理想，让梦想成真。

从改变自己开始做起，寻找发掘自己的天赋，

本着我们并非一出生就完美的正确观念，

不断改进与自我提升，一定会一天天进步。

拥抱身边的人，不吝啬分享爱与温暖，

让这股善的力量由近到远向外拓展，

虽然无法凭一己之力改变世界，

但只要够坚定、肯努力，

必定能成为有价值的小小螺丝钉。

创造梦想，并且努力让梦想成真，
一切就从改变自己开始做起，
靠着自己的双手认真实践，
让我们的地球变得更清新美丽。